NOUVELLES

RECHERCHES PHYSIOLOGIQUES

SUR LA VIE

PAR Michel-Hyacinthe DESCHAMPS

DOCTEUR EN MÉDECINE A MELUN

> Le médecin qui n'unirait point la physiologie
> à l'anatomie n'aurait jamais qu'une pratique
> chancelante et incertaine.
>
> CORVISART.

Mémoire présenté à l'Institut le 7 juin 1841

PRIX : 2 FRANCS.

Paris

BÉCHET, LIBRAIRE, PLACE DE L'ÉCOLE DE MÉDECINE, 4

1841

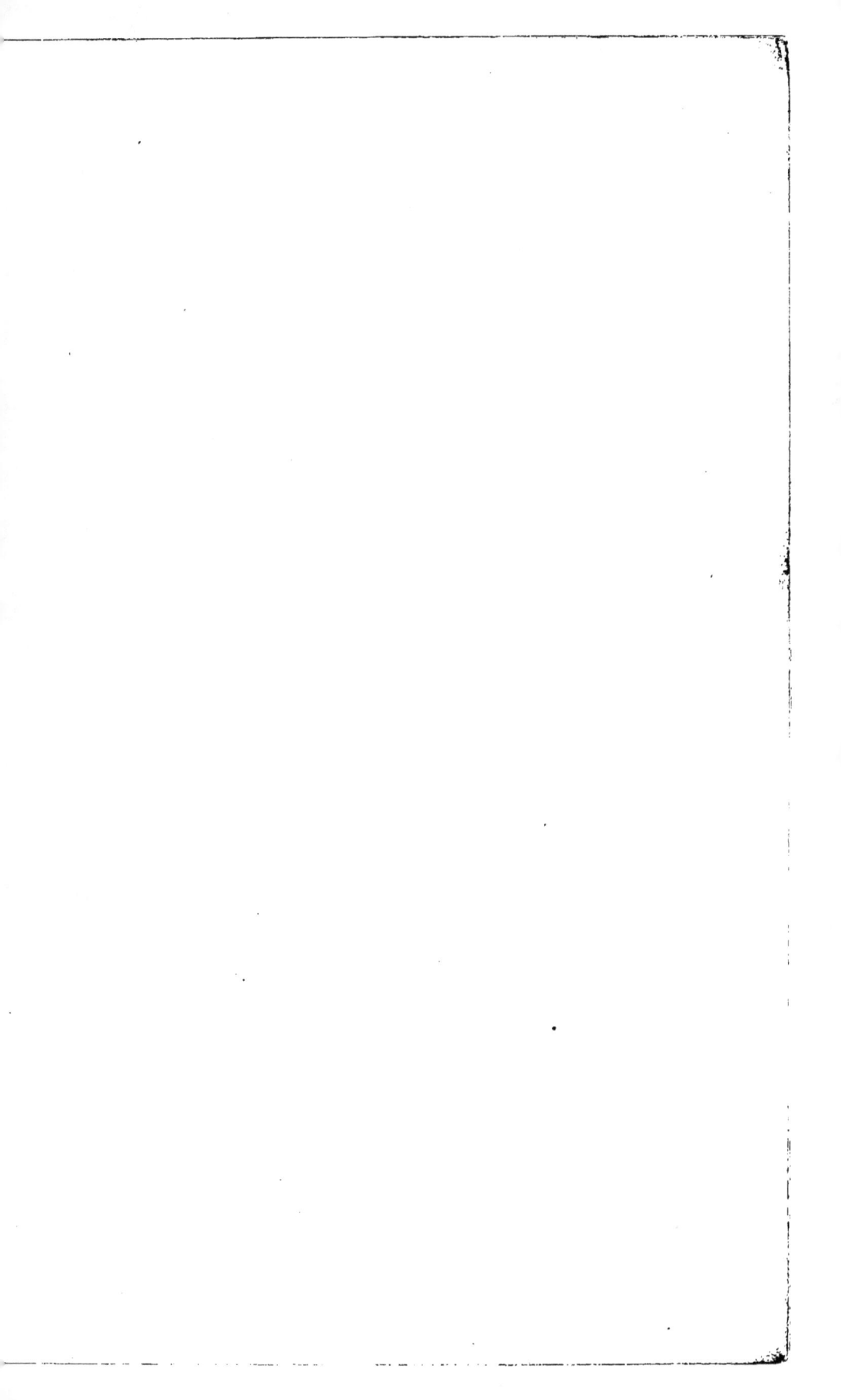

Tb 11 35

NOUVELLES

RECHERCHES PHYSIOLOGIQUES

SUR LA VIE

MELUN. — Imprimerie de DESRUES.

NOUVELLES
RECHERCHES PHYSIOLOGIQUES
SUR LA VIE

PAR Michel-Hyacinthe DESCHAMPS

DOCTEUR EN MÉDECINE A MELUN

Lauréat de la Faculté de Médecine de Paris (Prix Monthyon en 1854 et 1855).
— Ancien interne des hôpitaux civils de la même ville. — Ancien professeur
particulier d'Anatomie, de Physiologie, de Médecine et de Chirurgie. — Ex-aide
d'Anatomie humaine et de Physiologie comparée au Muséum de Paris. — Membre
de plusieurs Sociétés savantes, etc.

> Le médecin qui n'unirait point la physiologie
> à l'anatomie n'aurait jamais qu'une pratique
> chancelante et incertaine.
>
> CORVISART.

Mémoire présenté à l'Institut le 7 juin 1841

Paris

BÉCHET, LIBRAIRE, PLACE DE L'ÉCOLE DE MÉDECINE, 4

—

1841.

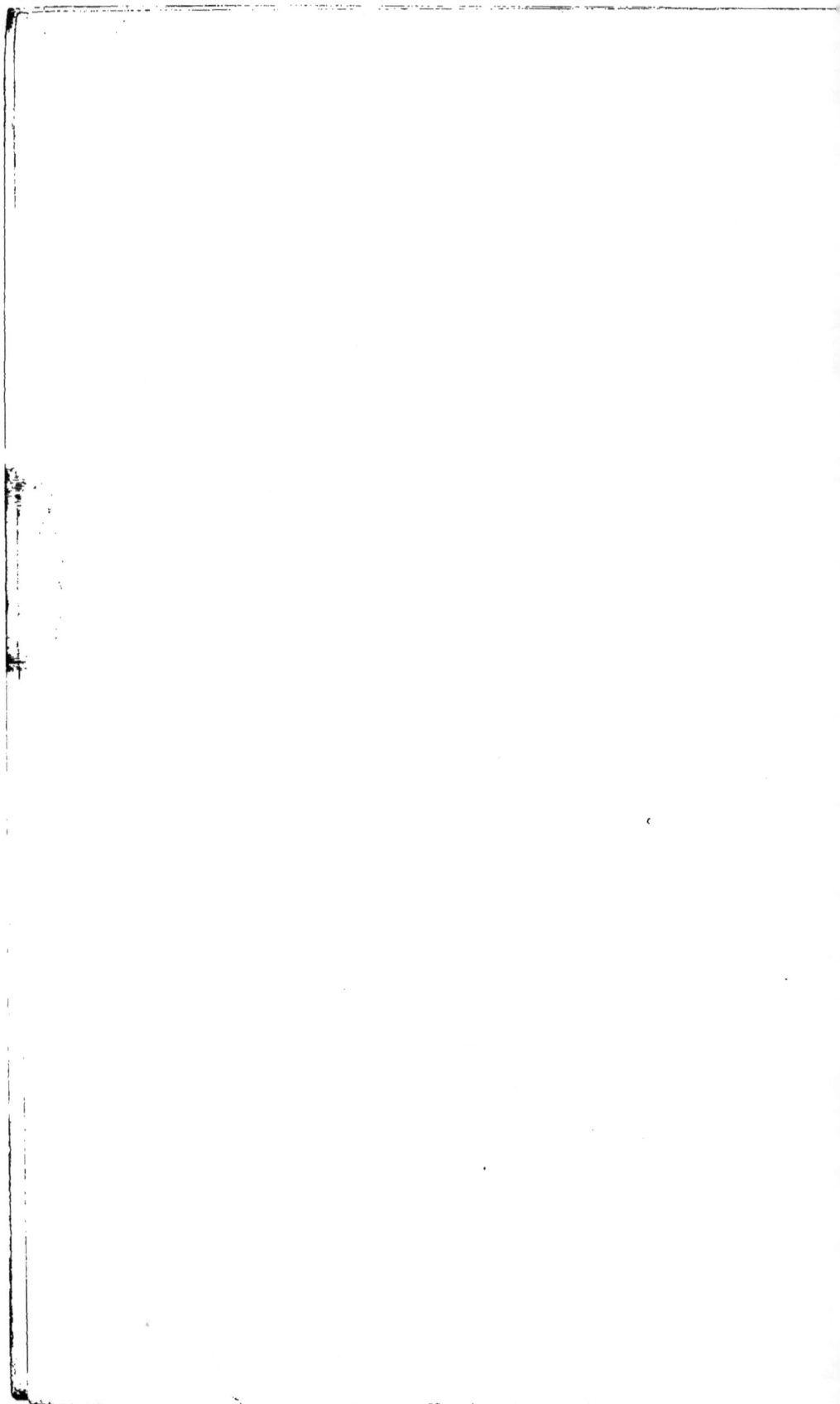

DE LA DUALITÉ VITALE.

Les esprits versés dans la culture des sciences se sont vivement occupés de savoir, si la vie était simple ou double dans les animaux vertébrés, animaux formés sur le plan général de l'organisation humaine. A défaut d'une expérience directe pour subdiviser la vie générale, les plus hardis se sont lancés dans les hypothèses et les théories; les plus positifs ont suivi la voie anatomique. Aristote, le premier, après un examen profond des rouages organiques, a trouvé une différence fondamentale dans la structure intérieure et extérieure du corps des animaux. Galien, pour établir la dualité latérale de l'organisation humaine, n'a eu égard qu'aux sillons, aux sutures ou raphés médians.

La dualité latérale organique, intéresse davantage lorsqu'on l'examine pendant les phases de développement de l'homme et des autres vertébrés. Les sutures, les sillons, lignes de conjonction des deux côtés du corps, n'étant pas formés, chaque moitié latérale du vertébré, se présente libre, séparée, à cette époque embryogénique.

Toutefois, il ne faut pas confondre la *dualité organique* avec la *dualité vitale* : la première entre dans le domaine de l'anatomie, science de l'organisation; la seconde, seule, appartient à la physiologie ou à la science de la vie.

Avant de séparer le vertébré vivant en deux êtres animés, avant d'expliquer la vie par la vie, et non pas la vie par la mort, comme on l'a fait jusqu'ici, jetons un coup d'œil rapide sur les systèmes physiologiques qui, tour-à-tour, ont coordonné les fonctions de l'économie. Nous allons voir les auteurs créer des divisions arbitraires pour la classification des fonctions, parce qu'ils manquent tous de divisions générales, physiologiques, puisées dans l'expérimentation des corps vivants.

Un aveugle empirisme conduisit d'abord à admettre des *fonctions vitales*, celles qui ont leur siége dans le cerveau, le cœur, le poumon, et que l'on dit essentielles à la vie de l'individu, et, en *fonctions naturelles*, celles dont les actes organiques n'ont plus qu'un enchaînement subordonné, accessoire. Les vertébrés qui vivent après l'arrachement total du cœur, du cerveau, de l'organe d'hématose, sont une preuve de l'insuffisance de cette division systématique de la vie. Un empirisme nouveau fit admettre ensuite une *vie intellectuelle* dont le cerveau est le centre, et, une *vie matérielle* qui a pour foyer l'estomac et les intestins. Grimaud, confondant toute idée saine de physiologie, voulait prouver que le cerveau est le laboratoire de la matière nutritive. Cullen attribuait également au cerveau, mais à la substance corticale, le pouvoir de sécréter le gluten nutritif; opinions chimériques qui tombent devant le fait incontestable de la formation du fluide nutritif dans les êtres organisés acéphales.

Abandonnant ces faibles conceptions, Bichat divise la vie générale, relativement à son but; en *vie individuelle* et en *vie de l'espèce* : l'une destinée à l'entretien de l'être animé, l'autre, ayant pour cause finale la propagation de l'espèce. Saisissant alors dans un élan de génie, la pensée d'Aristote sur les organes internes et externes, reproduite par Pouteau en *vie végétative* et en *vie sensitive*, il cherche à se rendre maître de l'idée générale en partageant la vie individuelle en *vie animal* eet en *vie organique* : la première étant l'attribut spécial et exclusif des animaux, et, la seconde, ainsi appelée parce que la texture organique est la seule condition nécessaire à son exercice, ce qui la rend commune aux êtres organisés des deux règnes, animal et végétal. Bichat, par ses expressions heureuses et nouvelles, ne modifia que les termes de la question physiologique, sans appuyer sur l'expérience directe, cette distinction des deux vies, cette dualité de l'organisme; jamais il ne sépara un vertébré en deux parties vivantes; jamais il ne vit chaque moitié du vertébré exister seule, libre, indépendante; jamais, par conséquent, il ne put étudier les fonctions des deux vies simplifiées. Voilà pourquoi de célèbres physiologistes, et principalement son habile commentateur des *Recherches physiologiques sur la Vie et la Mort*, considèrent cette division de la vie générale comme une spéculation de l'esprit, « dange-
« reuse en ce qu'elle tend à isoler des phénomènes

« qui ont entre eux une étroite liaison, qui se rap-
« portent à un but commun, et qui souvent sont
« produits par des moyens presque en tout sem-
« blables. »

La science de la vie, manquant au premier chef
d'une base expérimentale positive, est souvent étu-
diée dans l'exercice de chaque appareil organique,
comme si l'étude isolée de chaque grande fonction,
n'était pas encore une division méthodique, arbi-
traire, et je puis dire, secondaire au plan général
anatomique tracé par les Aristote, les Bichat.

Pour faire le premier pas en physiologie, c'est-à-
dire, pour analyser la vie par l'expérience directe, il
fallait trouver l'animal vertébré qui se soumît à cette
division vraiment physiologique. Or, je vais essayer
de montrer que la vie générale, individuelle ou l'*u-
nité vitale* se divise par l'expérience directe en deux
vies secondaires ou partielles.

Chacune des deux vies a pour base un plan général d'organisation qui lui est propre, spécial. Chacune des deux vies est susceptible d'être isolée et de
continuer la régularité des fonctions dont elle se
compose, dans cet état d'isolement. D'où il suit que
l'unité vitale se subdivise en deux unités principales
ou de second ordre pour constituer la *dualité vitale*.

De ces deux vies, l'une est intérieure et a pour but
la nutrition de l'animal; c'est la *vie végétative* ou *organique*, ou de *nutrition* : l'autre, extérieure, nommée
vie animale, vie de relation, nous donne la double
puissance de la locomotion et de connaître le monde
qui nous environne. Toutes deux convergent vers un
point central, destiné à les réunir, et que je nomme

le *foyer vital* ; toutes deux peuvent exister isolées, libres et indépendantes.

L'indépendance des deux vies dans l'organisation animée, se révèle par une expérience qui consiste à isoler complètement les deux plans organiques généraux. Alors il arrive que les organes externes vivent séparément des organes internes, et l'on voit naître l'important phénomène d'un animal vertébré séparé en deux parties, et chaque moitié vivre seule, libre, comme si elle était formée par un animal complet.

La durée des vies partielles, interne ou végétative, externe ou de relation, ne se prolongent jamais au-delà de certaines limites que j'ai fixées dans ce travail.

La dualité vitale existe chez les vertébrés; elle offre dans les invertébrés des modifications que plus tard je ferai connaître.

Les nouvelles recherches que j'ai l'honneur de présenter à l'Académie, ont donc pour objet de prouver par la physiologie expérimentale :

1° La vie animale isolée et les principaux actes des grandes fonctions simplifiées dans cette première moitié d'animal;

2° La vie organique isolée et le mécanisme des organes de cette seconde moitié d'animal;

3° L'existence du foyer vital, point de convergence des deux vies;

4° L'origine de la vie individuelle, de l'unité vitale ou la résultante des deux vies et du foyer central.

VIE DE RELATION ISOLÉE.

————

Cet animal vertébré remarquable par la souplesse et la régularité de ses mouvements locomoteurs, quand il marche, quand il nage, quand il saute, qui jouit de toute la plénitude de ses facultés sensitives, qui, au plus faible bruit, au moindre toucher, fuit, s'esquive et recherche les lieux amis de son jeune âge, cet animal, pourtant, n'est plus un animal complet : c'est un *hémizone* (de ἥμισυς demi et ζῷον animal), ou la moitié d'un être animé. J'ai confié cette existence précaire aux organes de la vie animale.

Pour la première fois, les organes de la vie de relation, fonctionnent seuls, isolés et en imposent pour la vie générale. Ce résultat scientifique, dont les hommes à pensées élevées prévoient déjà toute l'importance, n'est pas un fait accidentel et que j'aurais obtenu une fois par hasard. Le phénomène général de physiologie comparée est constant, invariable. Deux classes presque entières parmi les quatre classes des animaux vertébrés sont tributaires de ce genre d'analyse expérimentale : ce sont les reptiles et les poissons.

La première série de mes recherches aura pour objet la vie animale isolée des reptiles.

Expérience 1. — Après avoir incisé l'abdomen d'une couleuvre (*Coluber natrix*, L.), j'ai rapidement arraché les organes digestifs, le cœur, les poumons, ainsi que les gros vaisseaux et nerfs internes, splanchniques. L'animal réduit aux organes de la vie de relation s'est livré à de violents efforts musculaires; il rampait avec rapidité et cherchait à fuir de tous côtés. Ses mouvements étaient réguliers, bien exécutés, et il devint impossible, en voyant son habitude extérieure et ses allures, de croire à une pareille mutilation. Il a vécu une heure trente-sept minutes.

Expér. II. — L'incision longitudinale au ventre d'un orvet (*Anguis fragilis*, L.) étant terminée, j'ai arraché tous les viscères. L'enlèvement des organes splanchniques n'a pas empêché l'orvet de vivre; de ramper et même de se frayer un passage dans la terre pour s'y cacher. Il existait encore une heure après l'opération.

Expér. III. — J'ai coupé le ventre d'un lézard (*Lacerta agilis*), et, ayant arraché les organes internes ainsi que les gros vaisseaux et nerfs, j'ai réuni les bords de la plaie par une suture. A peine fut-il rendu à la liberté, qu'il s'échappa rapidement dans un endroit rocailleux, où je le trouvai réfugié et vivant plus d'une heure après l'incision tégumentaire.

Expér. IV. — Une grenouille (*Rana esculenta*, L.), se montra peu sensible à l'ouverture de la paroi abdominale, ainsi qu'à l'arrachement rapide des viscères. Plongée dans l'eau, elle s'est livrée pendant deux heures à de grands mouvements locomoteurs, s'élançant par bonds et par sauts. Après un violent

effort, elle est retombée sur le dos, privée de sentiment et de mouvement.

Expér. V. — Une salamandre aquatique (*Sal. cris-
tata*, Latr.), sortant du marais, a été soumise à la
section des parois du ventre et à l'arrachement très-
prompt de tous les organes de la vie végétative. La
plaie des téguments étant réunie par suture, je l'ai
mise dans un vase rempli d'eau. Elle nageait avec
facilité, d'abord rapidement, ensuite avec une len-
teur croissante jusqu'au moment de la mort, arrivé
après dix-sept heures de vie de relation isolée.

Expér. VI. — J'ai coupé le ventre à une salamandre terrestre (*Lacerta salam.*, L.), en arrachant ses viscères, j'ai constaté le curieux phénomène de la vi-
viparité de cette espèce. La marche de l'animal, rapide au début, s'est ralentie peu à peu; il en fut de
même de sa sensibilité. Enlevée d'un petit amas de
mousse humide où elle s'était réfugiée, la salamandre,
au bout de neuf heures, vivait encore.

Expér. VII. — Un triton mâle (*S. marmorata*),
après l'ouverture ventrale et l'arrachement des viscères, s'est fortement agité lorsqu'il a été rendu à la
liberté. Sa natation devint tellement naturelle qu'il
me fut impossible de discerner, au milieu d'animaux de même espèce avec lesquels je l'avais mêlé
à dessein, l'individu qui avait subi une si grave mutilation. La vie animale isolée a survécu pendant environ seize heures.

Le privilége d'offrir à l'analyse directe la vie de
relation isolée, n'appartient pas exclusivement aux
reptiles, comme le prouve la seconde série de mes
recherches sur les poissons.

EXPÉR. VIII. — Des anguilles (*Murœna anguilla*, L.) ayant les branchies coupées et les organes de la vie végétative totalement enlevés, se sont agitées avec une grande vitesse sur la terre. Dans l'eau, la natation facile et rapide en commençant s'est peu à peu ralentie; la sensibilité naguère si vive est devenue obtuse et la mort est arrivée à des intervalles de temps inégaux, depuis une demi-heure jusqu'à environ deux heures.

Le même mode d'expérimentation a été mis en usage sur un grand nombre d'espèces. J'avais la précaution de faire la suture des parois ventrales, et tantôt d'enlever, tantôt de laisser la vessie natatoire. Lorsqu'on laisse en position la vessie natatoire, le poisson a plus de facilité pour nager, et il se retourne moins vite sens dessus dessous. L'énergie musculaire qu'il est obligé d'employer pour se maintenir en situation normale quand on enlève cet organe de natation, explique la déperdition de forces plus grande et la mort plus rapide. Avec ces soins, j'ai vu la vie animale isolée se prolonger longtemps chez la carpe (*Cyprinus carpio*, L.), le goujon (*C. Gobio*, Cuv.), le meunier (*C. Dobula*, L.), le gardon (*C. Idus*), la tanche *C. Tinca*, L.), le barbeau (*C. Barbus*, L.), dans le genre *cyprins*, et parmi les malacoptérigiens abdominaux; j'ai vu encore la vie de relation isolée du brochet (*Esox Lucius*, L.), au genre *Esoces*, de l'alose (*Cl. Alosa*, L.), au genre *Clupes* : enfin, de la perche (*Perca fluvialis*, L.), à la famille des percoïdes parmi les acanthoptérygiens.

Ces faits de physiologie expérimentale, souvent reproduits avec un égal succès et sur les mêmes espèces

et sur d'autres espèces animales, conduisent à ces
conclusions générales.

1° Les organes de la vie animale ont une existence
propre, indépendante, de telle sorte qu'ils peuvent
fonctionner, isolés et libres, sans l'action sur-ajoutée
des organes de la vie végétative.

2° Les organes destinés à entretenir la vie de relation isolée se composent du système nerveux cérébro-
spinal, agent dominateur; des muscles et des os,
appareil de la locomotion subordonné à l'influence
nerveuse. La peau, certaines productions épidermi-
ques, du tissu cellulaire lamineux et adipeux, des
vaisseaux sanguins, des nerfs, enfin certaines glandes
font partie de l'organisation de la vie animale.

3° La durée de la vie de relation isolée ne repose
sur aucun principe général applicable aux vertébrés :
elle est toute individuelle et relative aux espèces. Les
amphibiens, seulement, ont, pour des raisons que
je ferai connaître, la vie plus durable que les animaux
simplement terrestres ou simplement aquatiques.
J'observerai encore que les reptiles adultes suppor-
tent aisément une mutilation qui fait périr presqu'à
l'instant les mêmes animaux dans leur jeune âge.

4° L'intensité vitale ou l'énergie avec laquelle la
vie animale se présente à l'expérimentation est soumise à l'influence directe de certaines conditions que
j'ai cherché à déterminer. Ainsi, les reptiles depuis
longtemps captifs résistent moins bien à la vie animale isolée que les reptiles sauvages; ceux qui ont
subi un long jeûne, moins bien que ceux qui étaient
convenablement nourris; ceux que l'on opère pendant les temps froids, moins bien que ceux soumis à

l'expérimentation dans les temps chauds; enfin, ceux qui sont soumis à la méthode par arrachement viscéral, résistent mieux, en général, que les reptiles et poissons opérés par la section des organes internes : la mort par hémorrhagie est plus prompte dans ce dernier cas.

La cause organique qui empêche les vertébrés à sang chaud, mammifères et oiseaux, de subir ce mode d'analyse de la vie de relation, repose sur un enchaînement plus étroit des deux vies avec le foyer vital; enchaînement fonctionnel sur lequel j'appellerai plus tard votre attention.

Un nouveau jour devait naître pour les fonctions circulatoire, nerveuse, locomotrice et respiratoire dans cet état d'isolement; car, simplifier le phénomène général de la vie, c'était évidemment simplifier les actes si compliqués dans les organismes animés.

Le *cœur* étant arraché à un reptile, l'animal continue de vivre ainsi que l'ont observé Bichat et Spallanzani, et, de plus, suivant les expériences de Wilson Philips, la circulation sanguine s'accomplit avec régularité. Eh bien! et la vie, et la progression du sang dans ses canaux continuent encore, lors même qu'il n'y a plus aucun viscère.

Expér. IX. — J'ai vu, à l'aide d'une forte loupe, le cours du sang dans la membrane natatoire de certains reptiles réduits aux organes de la vie de relation.

Expér. X. — Coupant la patte à des hémizones salamandres et grenouilles, le jet sanguin s'est formé dans l'eau, mais avec moins de rapidité qu'à l'état normal.

Existe-t-il donc des cercles circulatoires, partiels et incomplets dans ces espèces animales? Il est toujours bien évident que la circulation languissante, suivant l'expression de Spallanzani, est en dehors de l'action du cœur. Les parois vasculaires chez certains reptiles, étant actives, comme je l'ai démontré dans un Mémoire qui a reçu des encouragements de l'Institut, il en résulte que la progression sanguine doit continuer quelque temps encore après l'arrachement de l'organe central de la circulation.

Une simple fraction de la masse du sang est oxydé dans les poumons des reptiles. Lorsque l'*organe d'hématose* est enlevé, l'expérience directe a prouvé que la peau agissait comme organe supplémentaire de sanguification. Il est donc très-certain que dans les reptiles à peau molle et nue, le sang, renfermé dans les canaux de la vie de relation, se retrempe en oxygène dans cette vaste surface d'hématose. C'est pourquoi, la vie animale isolée présente une durée et une intensité des plus grandes chez les batraciens. La durée et l'intensité vitales diminuent à mesure que la vie de relation isolée s'observe dans les reptiles et les poissons à peau écailleuse, dure, et chez lesquels l'oxydation cutanée est insensible. La mort est très-rapide chez les chéloniens dont le teste corné ne fournit aucun atome d'oxygène aux organes externes. Concluons donc que le secret de la vie animale isolée, plus prolongée dans certaines espèces, résulte de la continuité de l'action respiratoire sur le sang, au moyen d'une surface supplémentaire d'hématose.

La vie actuelle de l'hémizone indique avec certitude, d'autre part, la quantité de temps que les reptiles et les poissons, à peau écailleuse, peuvent se passer de respirer; ou, en d'autres termes, le temps précis de l'influence de l'acte respiratoire sur la vie animale.

Aussitôt que la nécessité de l'oxydation du sang se fait sentir, l'hémizone sort de son état léthargique, se livre à de violents efforts et consume en mouvements locomoteurs exagérés le reste d'une vie privée de l'élément aérien : il meurt asphyxié. Il passe quelquefois d'une manière insensible de la léthargie à la mort.

Tant que le sang conserve ses qualités excitatrices et vivifiantes, le système nerveux cérébro-spinal fonctionne dans toute son intégrité. La locomotion, placée sous sa dépendance immédiate, s'exécute avec une régularité parfaite, normale. Les organes des sens, sentinelles avancées et vigilantes du système nerveux qui instruisent l'animal de l'existence du monde, conservent leur force sensitive d'impression, leur précision fonctionnelle. Je me suis assuré de la netteté de la vision en opposant des obstacles à la progression de l'hémizone, obstacles évités toujours avec précaution; ou bien, j'ai placé des vases remplis d'eau près d'animaux aquatiques, et ils se sont plongés dans le liquide en gagnant le fond argileux comme une retraite sûre. En frappant sur les parois du vase, reptiles et poissons se cachaient dans des anfractuosités rocailleuses. Quant à l'exaltation primitive de la sensibilité tactile; elle est facile à concevoir après une telle mutilation, elle offre des degrés selon les espèces. Le reptile, au moindre toucher, fuit à toutes jambes. Le poisson, dont la locomotion est si énergique après l'arrachement des viscères, devient peu à peu insensible lorsqu'on le touche. Cette différence dans le sens du toucher est en rapport avec l'asphyxie rapide du poisson et l'asphyxie lente du reptile.

L'intégrité fonctionnelle des organes des sens est évidemment en rapport direct avec l'intégrité de l'axe nerveux central. Quoiqu'il ne soit pas temps encore d'exposer mes recherches sur la structure comparée et l'action physiologique du système nerveux, je ne puis passer sous silence certaines considérations générales.

Depuis le dernier des animaux vertébrés jusqu'à l'homme, les anatomistes ont trouvé une série graduée, perfectionnée selon la forme, le nombre et la coordination des parties constitutives de l'encéphale. Eh bien! les actes physiologiques suivent exactement une progression croissante, en rapport avec cette échelle de graduation organique. D'où il résulte que le plan du système nerveux cérébro-spinal des vertébrés à sang froid est un plan analytique de l'axe nerveux central des vertébrés à sang chaud.

Les physiologistes sont venus couper, brûler, tordre, torturer de mille manières l'arbre nerveux sans avoir trop égard à la composition intime de cet arbre. Cependant si la forme varie, la structure intime varie bien plus encore. Le rouage organique, moléculaire, étant différent, il arrive une différence appréciable dans les actes fonctionnels primitifs. Je citerai, comme exemple général, le défaut de centralisation du système cérébro-spinal des vertébrés à sang froid. La puissance nerveuse est uniformément repartie dans la totalité de l'axe nerveux central, de sorte que l'encéphale n'est pas plus nécessaire pour la vie de ces vertébrés que tout autre point de la moelle épinière, et, il y a plus, c'est qu'il existe un point, un seul point nerveux de la moelle beaucoup plus important que le reste de l'axe cérébro-spinal. Combien il sera curieux de prouver que la moelle rachidienne accomplira seule certaines fonctions relatives à la coordination des mouvements et à certaines volitions attribuées généralement à des actes encéphaliques. Enlevez l'encéphale d'une salamandre et vous la verrez vivre et se locomouvoir avec une régularité parfaite. Coupez-lui la tête en totalité, il surviendra une cicatrice régulière, et elle continuera de vivre, de sentir et d'exécuter les mouvements de la natation bien coordonnés. Arrêtons-nous, car de plus longs détails physiologiques ne seraient pas compris sans les détails d'anatomie comparée.

Parmi les autres faits de l'action nerveuse que la vie animale isolée met en évidence, se trouve le siége des passions.

Confondant l'effet, l'action réfléchie des passions ou leur retentissement dans l'organisme avec la passion elle-même, les anciens ont assigné à chacune d'elles un organe intérieur pour siége définitif. Les poumons, le cœur, la rate, le foie, l'estomac, le plexus solaire, le centre diaphragmatique, seraient pourvus chacun d'une passion localisée, de façon que l'on pourrait dire avec eux : *pulmone jactantur, corde sapiunt, splene rident, jecore amant, felle irascuntur (Fervens difficili bile tumet jecur,* HOR.). Prouver par l'expérience directe que la vie animale isolée est susceptible

de passions, c'est d'un seul coup détruire cette opinion antique; c'est renverser la localisation des passions dans le grand sympathique, puisque ce nerf
n'existe plus; c'est, enfin, conduire à la découverte
du siége des passions dans une partie de l'axe cérébro-
spinal.

La force du raisonnement a porté Gall à con-
sidérer l'encéphale comme l'organe formateur ou le
foyer unique des passions. On reproche à cet habile
physiologiste d'avoir été trop exclusif et de négliger
l'influence réciproque établie entre les viscères et
l'encéphale; influence exagérée par l'école de Cabanis
qui a tant accordé à l'ensemble de l'organisation.

L'impuissance où l'on se trouve réduit en étudiant
l'animal complet, pour fixer le siége précis d'une
seule passion, explique l'instabilité des principales
opinions qui règnent dans la science. L'esprit des
théologiens, des moralistes, des philosophes, des
physiologistes, a enfanté des volumes à défaut d'une
expérience positive. Essayons d'établir le siége de la
colère dans la vie animale isolée. Une passion étant
clairement localisée, toutes les autres dériveront évidemment de la même source.

Expér. XI. — Ayant arraché les organes de la vie
végétative à une salamandre, j'ai développé la passion
colérique en la piquant et la torturant. La colère de
l'hémizone se traduisait par ses yeux largement ou-
verts, étincelants; par des mouvements locomoteurs
déréglés, et surtout parce qu'elle mordit et serra si
étroitement la pointe du scalpel que je l'enlevai sans
lui faire lâcher prise. Un tel état chez un animal
doux et paisible, qui fuit toujours au lieu d'atta-

quer, est certainement le résultat d'un acte colérique.

EXPÉR. XII. — La passion de la colère devint plus
évidente encore sur une couleuvre opérée et que j'ir-
ritai fortement par piqûres et blessures multipliées.
Elle se repliait avec force sur elle-même et se jeta
avec furie sur un chien, auquel, avant l'expérience,
elle ne faisait aucun mal, quoique placé plusieurs
fois sur son passage.

La passion de la colère, comme on le voit, appartient évidemment au système nerveux qui domine
toute la vie de relation. Quel est le point précis du
siége de cette passion dans l'axe nerveux central? Si
j'enlève l'encéphale, si je coupe la tête à un reptile,
il s'agite, fuit, et aucun de ses actes physiologiques
ne montre clairement le développement de la passion. Privé de la moelle rachidienne, l'hémizone tombe
paralytique et ne peut traduire le sentiment de la
colère, en admettant qu'il l'éprouve dans les tortures
qu'on lui fait endurer. Le point précis du siége de la
passion dans le système cérébro-spinal échappe à
l'expérience directe, mais il se trouve clairement
établi par l'observation.

Vous pouvez impunément adresser des injures expé-
rimentales à ce malheureux sourd et muet. Son im-
passibilité sera remplacée par une colère violente, si,
à des injures vous ajoutez des gestes significatifs. Le
sens de la *vision* a instruit le *cerveau* de l'acte violent
dont il est menacé, et le cerveau réagit en proportion
de l'offense.

L'aveugle restera insensible à vos gestes menaçants,
et la colère enflammera son visage aux moindres

2

paroles injurieuses. Le *sens* de l'*audition* transmet-
tant fidèlement au *cerveau* les paroles expérimen-
tales, le cerveau réagira encore en proportion de l'offense.

EXPÉR. XIII. — J'ai détruit les organes de la vue et
de l'ouïe chez une levrette, animal dont l'odorat est
très-faible. Il suffisait d'irriter à distance, à l'aide
d'une pique acérée, la plaie qui résultait de sa queue
préalablement coupée, pour faire naître la colère de
la levrette qui grognait en cherchant à mordre de
tous côtés. Le *sens* du *toucher* portait au *cerveau* l'impression de la douleur, et le cerveau réagissait encore
en raison du mal fait à l'organisme ; car la colère
paraissait d'autant plus forte que l'irritation de la
plaie était plus vive.

Le siége des passions ne varie pas ainsi, et une
seule d'entre elles, la colère, n'a pas tour-à-tour son
siége dans les organes de la vision, de l'audition et
du toucher. Les organes des sens, d'ailleurs, ne sont
que des surfaces d'impression qui reçoivent les actes
du dehors pour les transmettre fidèlement, au moyen
des nerfs, au cerveau, tribunal de l'intelligence.

Parmi les invertébrés, n'oublions pas que ceux qui
entrent en furie (le proverbe dit : colère comme une
guêpe), ont un ganglion dont le rôle est analogue
au cerveau des vertébrés. Les nombreuses espèces
dépourvues de cette masse nerveuse, fuient la douleur sans offrir de réaction colérique.

En résumé, la colère a son siége dans le cerveau.
Cette passion facile à développer rapidement dans les
espèces hèmizones, est une volition déréglée. La passion, en général, est un acte cérébral sorti des li-

mites de la raison, du *moi* : mouvement impétueux
de l'ame qui détermine une aberration intellectuelle
momentanée. L'homme toujours en colère perd son
plus beau privilége, la raison : il est frappé d'aliéna-
tion mentale. Les passions sont, du reste, inhérentes
à notre nature, puisqu'elles ne sont que l'exagération
des facultés cérébrales, et je considère comme une
création chimérique, le sage toujours égal, même en
songe. Καὶ καθ' ὕπνους ὅμοιον ἤσησθαι. Diog. Laërt. *In
Epicur*.

Le système nerveux cérébro-spinal a-t-il une action
directe sur les sécrétions? Si l'on médite les différentes
preuves alléguées par les physiologistes et surtout
par Bordeu, on n'en trouvera aucune qui établisse
positivement l'action directe de l'axe nerveux central
sur les sécrétions. Il existe cependant un appareil folliculaire, glanduleux, rachidien, que je vais décrire,
et sur lequel j'ai suivi, pendant la vie animale isolée,
cette influence cérébrale.

Au-dessus des muscles spinaux et immédiatement
sous l'enveloppe tégumentaire de la salamandre, on
trouve une double série longitudinale de grains glanduleux. Isolés les uns des autres, ces grains follicu-
laires sont disposés avec symétrie des deux côtés des
apophyses épineuses. Chaque follicule glanduleux a
un petit conduit émissaire visible à la simple vue et
dont l'orifice terminal s'ouvre à la surface externe de
la peau. L'usage de cet appareil glanduleux est de
sécréter une humeur muqueuse pour lubrifier le té-
gument. C'est à cette humeur abondante que la salamandre doit l'avantage de resister quelque temps à
la combustion. D'où vient la vieille chronique de la

salamandre vivant au milieu des flammes (1). Or, l'appareil folliculaire rachidien reçoit ses nerfs de l'axe cérébro-spinal. Quand la sécrétion augmente et continue indéfiniment dans les tortures que je fais subir à l'hémizone, je suis en droit de conclure que cette continuité du mécanisme sécrétoire met en évidence l'action directe de l'axe nerveux central sur les sécrétions.

La vie animale isolée m'a conduit ensuite à rechercher la cause organique des mouvements cérébraux. Galien, le premier, fit l'observation que le cerveau des mammifères était agité d'un double mouvement d'élévation et d'abaissement. Schittling, dans un Mémoire inséré dans le 1er Vol. *des Sav. étrang.*, a cru voir le cerveau s'élever dans l'expiration et s'affaisser dans l'inspiration. La locomotion cérébrale n'a plus soulevé de discussion que pour savoir si l'action respiratoire seule, si la circulation du sang, ou toutes deux à la fois, étaient cause des mouvements du cerveau. Lamure, Haller, Vicq-d'Azyr, ont donné différentes explications de cet important phénomène.

Le double battement cérébral est un mouvement communiqué par le jeu de l'hexagone artériel placé à la base du crâne. On produit artificiellement ce mouvement au moyen d'injections saccadées poussées dans le système artériel encéphalique des cadavres.

Le double mouvement d'élévation et d'abaissement établit une connexion réciproque, un rapport sympathique entre le cœur et le cerveau. Dans les mam-

(1) Expér. du chev. Corvini, *Journ. des Savants*, avril 1667, p. 94.

mifères, la connexion physiologique est très-marquée
et indispensable à la vie. Aussitôt le cœur enlevé, le
cerveau cesse ses fonctions, et par suite de l'hémorrhagie, et aussi en raison des mouvements qui ne sont
plus communiqués à la masse nerveuse. Ces battements sont d'autant plus prononcés que le jeu cérébral est plus actif, et parmi les vertébrés supérieurs
qui ont les facultés intellectuelles les plus dévelop-
pées, l'anatomie m'a démontré l'hexagone artériel de
la base du crâne plus complet. L'homme est de tous
les mammifères celui qui possède le plus gros plexus
artériel encéphalique.

Le principal effet du mouvement cérébral est l'influence du cœur sur le cerveau. La respiration n'agit
que bien faiblement sur la production du jeu cérébral,
car dans les oiseaux où la respiration est double et si
rapide, ce qui devrait amener une grande activité
dans le mouvement, le cerveau est immobile.

EXPÉR. XIV. — J'ai enlevé la voûte crânienne de
dinde (*Meleagris Gallo pavo*, L.), de poule (*Phasianus
gallus*, L.), de pigeon (*Colomba*, L.), d'oie (*Anas anser*,
L.), de canard (*An. Boschas*, L.), de perdrix (*Tetrao
cinereus*, L.), de corbeau (*Corvus corax*, L.), de moi-
neau (*Fring. domest.*), et j'ai constamment observé le
repos absolu de la masse nerveuse encéphalique.

Toutes les fois que l'hexagone artériel crânien
n'existera pas, il n'existera pas non plus de mouvements cérébraux. Voici de nouveaux exemples à l'appui de cette opinion.

EXPÉR. XV. Enlevez la voûte du crâne d'une tortue,
et le cerveau restera immobile.

EXPÉR. XVI. — Mettez à nu le cerveau d'une grenouille, d'une salamandre, et vous n'observerez pas, ainsi que Bichat l'a bien dit, de locomotion cérébrale.

Expér. XVII. — La masse encéphalique de poissons étant mise à découvert, je n'ai jamais trouvé de mouvements dans cette masse nerveuse, soit à l'air libre, soit sous l'eau.

Concluons donc : 1° que le double mouvement d'élévation et d'abaissement du cerveau est communiqué par les systoles et les diastoles de l'hexagone artériel de la base du crâne ; 2° que la locomotion cérébrale est un rapport mécanique établi entre le cœur et le cerveau ; 3° que ce rapport mécanique manque dans les oiseaux, les reptiles et les poissons.

On conçoit actuellement pourquoi un hémizone reptile ou poisson vit sans cœur. L'action directe de cet organe sur le cerveau étant nulle, quant au rapport sympathique, il n'arrive aucun trouble au moment de l'opération. Le véritable trouble physiologique ne survient que longtemps après lorsque le sang ne contient plus assez d'oxygène pour vivifier le cerveau. Voilà pourquoi nous n'obtenons pas d'hémizone d'oiseau, si le battement cérébral manque ici de même que dans les reptiles et les poissons, la respiration est impérieuse et ne souffre pas le moindre retard sans compromettre la vie.

La moelle épinière demeure encore immobile dans les oiseaux, les reptiles et les poissons, tandis que suivant un célèbre physiologiste, elle serait agitée de légers mouvements dans les vertébrés supérieurs. Ce faible battement isochrone aux contractions du cœur, prend sa source dans le jeu cérébral. L'axe nerveux cérébro-spinal étant renfermé dans un canal céphalo-rachidien, et formant un tout continu, aucune cause ne saurait tirailler, soulever quelque peu la masse principale encéphalique sans entraîner dans le même mouvement le prolongement médullaire.

VIE VÉGÉTATIVE ISOLÉE.

La seconde moitié de l'animal ou la vie végétative, séparée des organes de la vie de relation continue à fournir des signes certains de vitalité.

Toutefois, il existe une différence fondamentale relativement à l'harmonie des fonctions au moment de l'isolement des deux plans généraux d'organisation. Appuyée sur le système nerveux, chaîne organique, continue et *solide*, la vie animale présente une telle uniformité dans ses actes qu'elle en impose pour la vie individuelle. Le sang, chaîne organique, continue et *fluide*, unit et harmonise les actes des organes splanchniques, tant que l'animal est complet. Le fluide sanguin étant répandu, lors de l'arrachement viscéral, la vie végétative isolée manque par ce fait d'unité d'action, d'harmonie continue, et se compose, comme nous allons le voir dans les vertébrés, en général, de mécanismes partiels et divers, selon le rôle de chaque organe dans la constitution du fluide nourricier.

La poitrine d'un animal vertébré, étant ouverte, on observe pendant que le cœur conserve ses connexions avec les organes respiratoires, le double battement alternatif des oreillettes et des ventricules, les intervalles de repos qui séparent les contractions cardiaques, enfin, si l'on opère sur le cœur simple de la grenouille, dont les parois sont transparentes, on voit très-distinctement, par la rougeur et la pâleur alternatives de chaque cavité, l'abord et le départ du fluide sanguin.

Le mécanisme des contractions du cœur (1) s'accomplit avec la même régularité, lorsque cet organe est complètement séparé du corps de l'animal. Témoin de ce fait, Haller s'était imaginé que la puissance régulatrice des battements cardiaques appartenait en propre à la fibre de ce viscère, et il plaçait dans cette locomotilité très-apparente, le siége de l'*irritabilité*, force générale dominatrice de la matière organisée. Legallois a réfuté cette erreur en prouvant que l'excitation des nerfs cardiaques seule entretient le jeu des cavités du cœur.

La durée et l'énergie des battements du cœur isolé, sont en rapport avec le volume de ce viscère et le milieu ambiant dans lequel il se trouve placé.

On se fait une idée assez exacte de la force inégale de contraction de chaque cavité du cœur, en introduisant successivement son doigt dans les oreillettes et les ventricules. Cette force de contraction se ra-

(1) Charles Ier, frappé de ce merveilleux mécanisme, ayant appris par l'immortel Harvey qu'à la suite d'une destruction de la paroi antérieure du thorax, le cœur d'un homme battait à nu, voulut, lui, roi d'Angleterre, *toucher du doigt le cœur d'un homme.*

lentit peu à peu sans que le rhythme des battements soit changé. Les cavités gauches meurent les dernières, quand le cœur est isolé. Le fluide galvanique continue longtemps les contractions cardiaques, tandis que l'étincelle électrique ne fait que réveiller ou doubler l'énergie des battements du cœur au moment de son passage.

L'électricité ranime aussi les mouvements intestinaux qui, du reste, présentent plus de vitalité que le jeu du cœur. Voyez ces intestins enlevés de l'intérieur d'un animal vertébré, se contourner en cercles inégaux par des mouvements ondulatoires péristaltiques, chassant d'une part les matières renfermées dans leur cavité, absorbant d'autre part le liquide lacté qu'on y introduit; ne dirait-on pas d'un animal sentant, se mouvant et se nourrissant en dehors du corps d'un autre animal. Telle est l'intensité vitale du tube digestif qu'on l'a justement appelé l'*ultimum moriens*. Aussi, le médecin, éclairé par la physiologie, agira avec force sur les voies digestives pour ranimer l'organisme dans les morts subites et violentes.

Les mouvements ondulés de l'intestin représentent exactement les actes de locomotion de certains vers; de là, le nom de mouvements *vermiculaires* ou intestinaux.

L'organisation des derniers êtres animés se réduit à un canal alimentaire. Aristote avait donc raison de différencier les animaux des végétaux, par la présence chez les premiers d'une cavité digestive. On a trouvé dans ces derniers temps, que certains animalcules infusoires que l'on croyait d'une structure homogène en raison de leur transparence, étant

plongés dans des liqueurs colorées, avaient leur corps
sillonné par une cavité centrale colorée. Le tube digestif existe donc seul, isolé, et constitue la première
base de l'animalité. La membrane qui tapisse la cavité centrale représente la vie végétative à son plus
simple degré d'organisation ; tandis que la peau extérieure de cette cavité représente la vie animale ré-
duite à sa plus simple composition. A ce premier
degré de l'animalité, les deux vies se suppléent, se
remplacent mutuellement. Un polype étant retourné
suivant l'expérience de Tremblay, il en résulte que
la membrane interne ou digestive devient organe de
locomotion, et que la peau de l'animal fonctionne à
l'intérieur comme organe de nutrition.

L'être animé si faible qu'il soit, se nourrit, sent
et se meut. Est-il doué d'intelligence? La pensée est
l'effet du jeu cérébral qui en est la cause ; or, il n'y
a pas d'effet sans cause : quand le cerveau n'agit plus
ou manque, il ne saurait exister de pensées. Galien
commet évidemment une faute grave lorsqu'il attri-
bue la pensée à la matière en général (σώματος νοοῦν τος
De usu part. L. 8, c. 13, et *De usu respir.* c. 5). Cette
opinion hypothétique a été renouvelée sans plus de
succès par un célèbre philosophe moderne qui suppose la pensée inhérente à la matière inorganique.
La pensée nous donne la faculté du libre arbitre.
Eh bien! l'histoire naturelle nous apprend que le li-
tophyte reste fixé à l'endroit qui l'a vu naître, à la
manière des plantes, sans jouir de la faculté d'aller
à une distance souvent très-petite chercher une nourriture plus substantielle et plus abondante. N'est-il
pas évident que des zoophytes aussi bien que les

plantes sont privés de la faculté élective que donne
le libre arbitre, et que les uns et les autres demeurent
tributaires des circonstances atmosphériques et des
objets circonvoisins. Entre les derniers animaux et
les végétaux, il y a cette immense ligne de démarca-
tion fondée sur la structure, savoir : la présence d'une
cavité digestive avec villosités ou racines de nutrition
intérieures pour l'animal; l'absence d'une cavité centrale de digestion et l'existence de racines jetées çà
et là dans le sol pour nourrir le végétal : d'où provient la vie purement végétative.

Dans l'économie animale, les organes principaux
de la vie végétative sont intérieurs, et le plus remarquable de tous, sans contredit, est le tube digestif.
L'ablation de l'intestin, la simple privation de nourriture, ne produisent pas des effets aussi rapidement
mortels chez tous les vertébrés. Le jeûne, à peine to-
léré par les voies digestives des mammifères, est,
pour ainsi dire, une condition habituelle aux animaux
qui ont la faculté de vivre quelque temps sans intestins et de rester plusieurs mois en léthargie (1).

Le premier acte de la vie de nutrition se passe
dans l'estomac, dilatation du tube intestinal. Cet or-

---

(1) J'observerai que l'hybernation ou l'état léthargique temporaire
des animaux, comparable au sommeil des plantes, se joue de nos
moyens artificiels pour la combattre. Vous placerez en vain des reptiles
indigènes dans des conditions de température aussi élevée qu'aux temps
chauds, ils seront lourds, pesants, accablés sous le poids du sommeil
léthargique. La véritable cause de l'hybernation résulte de l'action directe du globe sur les êtres organisés, et principalement sur le foyer
vital ou l'organe respiratoire. Le végétal est essentiellement léthargique
parce qu'il jouit de l'immense faculté de voir tomber avec l'hiver et
renaître avec le printemps, ses feuilles ou son organe d'hématose.

gane isolé fournit des signes de vitalité curieux et
encore inconnus. Si vous coupez membrane par
membrane, l'*estomac simple* et développé par les ali-
ments d'un animal herbivore, la tunique péritonéale
reçoit l'incision sans réagir; la tunique musculaire
se retracte fortement des deux côtés de la section;
enfin, la tunique muqueuse se requoqueville et se ren-
verse constamment en dehors. Dans les herbivores à
estomac simple, j'ai trouvé un muscle fixé intime-
ment à la muqueuse et qui a pour objet cette *dilatation
active* de l'estomac.

On a réussi à obtenir des digestions artificielles en
dehors de la cavité stomacale. Cette vitalité du suc
gastrique isolé n'a jamais été aussi complètement dé-
montrée pour l'action du chyle, de la lymphe et du
sang, états divers du fluide nourricier.

Sorti des vaisseaux qui le renferment, le sang, véritable sève animale, conserve quelque peu de vitalité.
Exposé à l'air libre, il dégage une rosée odorante,
sorte d'*aura vitalis*, caractéristique du sang de l'animal. Tant qu'il répand cette rosée, le sang est fluide
chaud et vivant. Aussitôt que la zoohématine se pré-
cipite sous forme de sédiment rougeâtre, que la fibrine
se coagule au milieu du sérum qui contient les sels
en dissolution, le sang est privé de ses propriétés vitales. La rapidité de l'altération du sang, en dehors
de ses canaux, est une indication positive que dans
la *chirurgie transfusoire* (1) il importe d'éviter le con-

(1) A diverses époques, on a cherché à renouveler et à modifier le
sang de l'homme et des animaux. Ovide rapporte que des enfants,
voulant rajeunir leur père déjà fort vieux, firent couler dans ses veines,
à la place du sang, une composition de médicaments qui, loin de

tact de l'air et de faciliter le passage direct du sang entre les deux êtres animés.

Je n'ajouterai rien sur la vie isolée des organes de

réussir, tua leur cher Esou dès la première épreuve. Ettmuller injectait différentes liqueurs dans les veines des chiens. Wren, en 1664, employa la transfusion sanguine sur les animaux. Richard Lower, opéra, en 1665, la transfusion du sang sur les chiens. Denis, maître de conférences de médecine, s'imagina aussi qu'en mettant un jeune sang à la place du vieux, on changerait le fleuve de la vie, au point d'obtenir une jeunesse et une santé perpétuelles. Perrault, par ses attaques ingénieuses consignées dans l'Histoire de l'Institut, éveilla l'attention de l'autorité, et la mort d'un fou sur lequel Denis et Emmerets avaient déjà pratiqué deux fois la transfusion, fit prohiber cette opération, par sentence du Châtelet de 1668. Depuis ce temps, la chirurgie transfusoire a sauvé les jours à des femmes qui mouraient exsangues à la suite d'hémorrhagies utérines foudroyantes. Ayant eu occasion de répéter la transfusion sanguine, je me propose de tracer ici quelques règles générales.

Le sang veineux seul est utile dans la transfusion, parce qu'il est facile de le faire couler dans les veines exsangues par un jet continu, et que la cicatrice des parois veineuses s'établit bien et vite. Si l'on emploie le sang artériel en injection dans les veines, comme on en donne le précepte, la différence de nature des deux sangs, l'irritation insolite des parois veineuses, l'impulsion brusque du jet sanguin artériel, rendent compte des insuccès signalés dans les œuvres médicales.

Et il y a plus, le sang veineux le plus favorable à l'opération doit provenir d'un être vivant de même espèce. On a prouvé qu'un oiseau dont les globules du sang sont *elliptiques,* meurt en offrant tous les symptômes d'un empoisonnement, si l'on injecte dans ses veines le sang d'un quadrupède dont les globules sont *circulaires.* Il faut donc avoir égard à l'espèce, pour la forme et les dimensions des globules du sang.

Le procédé opératoire de la transfusion consiste à établir le courant du fluide sanguin, au moyen d'une canule élastique, dont un bout est placé dans la veine de l'animal exsangue, et l'autre bout dans la veine de l'animal en état de santé. Aussitôt que les contractions du cœur prennent de la force, aussitôt que la respiration s'établit, il suffit, pour interrompre le passage du sang, de presser la canule entre les doigts. L'attention doit se porter à la fois sur les deux êtres animés

sécrétion et d'excrétion, sur les fluides excrémenti-
tiels, enfin, sur le rôle de la rate encore si problé-
matique même dans l'animal complet. L'analyse

soumis à l'opération, et l'on doit retirer la canule dès que la vie continue chez l'un et pourrait être compromise chez l'autre.

Le sang qui abonde dans les poumons oblige sans cesse l'animal à
ouvrir la gueule pour humer l'air. Ce mouvement labial a été con-
fondu avec l'acte de la déglutition, comme si la substance injectée était
prise par la bouche. Cette fausse interprétation est due sans doute à
l'expérience qui démontre que l'on peut nourrir pendant plusieurs
jours un animal, en le privant de nourriture et par la seule transfusion sanguine.

Des succès nouveaux attendent cette opération dans l'espèce humaine
à la suite des hémorrhagies idiopathiques, accidentelles, et surtout
dans les pertes de sang considérables après l'accouchement. Dans l'hé-
moptysie, dans l'hématémèse, dans l'épistaxis, dans l'entérorhagie,
symptomatiques d'affections cancéreuses ou d'altérations profondes de
texture, la pratique se joint à la théorie pour bannir cette grave opération. Dernière ressource d'un moyen conservateur, la chirurgie transfusoire ne sera mise en usage qu'après avoir vu échouer tous les agents
hémostatiques appropriés au genre d'hémorrhagie. Voici des faits
pratiques à l'appui de mon observation.

Une femme de Maincy tombe sur l'angle aigu d'un bâton de chaise,
se dilacère la muqueuse qui recouvre le plexus rétiforme. Ce plexus
sanguin est rompu et le sang coule en nappe toute une journée, pendant
laquelle on lui fait encore une saignée abondante. On croyait la malade
frappée de mort violente, hémorrhagique, lorsque je la vis pour la première fois, parceque les fonctions des organes de la vie de relation étaient
complétement suspendues. Mais j'ai entendu, au moyen du stéthoscope
les faibles contractions du cœur, le léger murmure respiratoire; j'ai
trouvé la cause de l'écoulement sanguin qui durait encore. La source
de l'hémorrhagie est à l'instant même tarie, et après cinq heures environ de soins consécutifs, la malade est hors de danger : huit jours
après ce grave accident elle avait repris ses occupations habituelles.

Le second fait intéresse davantage par sa gravité plus grande et la
rapidité de la guérison. Une femme de Milly, enceinte de six mois,
renversée sur la place Saint-Jean, par un cheval fougueux qui s'échappe
en faisant passer sur elle la roue d'une charrette dans une direction
lombo-sacrée, tombe baignée de sang et présente bientôt les signes de
l'avortement. Sous l'influence d'agents hémostatiques combinés, le

directe saisit à peine les phénomènes fugaces de vitalité dans ces divers éléments de la vie végétative
isolée.

DU FOYER VITAL.

Le foyer vital s'allume avec la vie et ne s'éteint
qu'à la mort. Les êtres vivants, sans exception, sont
tous pourvus d'un foyer vital. Modifier, altérer ce
point central de la vie, c'est modifier, altérer la vie
elle-même; anéantir le foyer vital, c'est anéantir
la vie.

Dans les êtres organisés et vivants, la mort n'est
pas également rapide parce que le foyer vital présente différents degrés dans l'intensité d'oxygénation
du fluide nourricier. La respiration double de l'oiseau exige une grande quantité d'air saturée d'oxygène. Le mammifère, ayant la respiration simple,
résiste davantage aux causes de l'asphyxie; il vit avec

col utérin se ferme, les contractions de l'utérus cessent et l'accouchement prématuré n'a pas lieu. L'hémorrhagie cependant continue toujours, et la malade urine des quantités considérables de sang, en se
plaignant de douleurs vagues dans le bassin. L'absence totale de l'o-
deur urineuse dans deux excrétions vésicales est une preuve certaine
pour moi que la contusion des reins est tellement violente qu'il n'y a
plus de sécrétion urinaire, et que le sang passe en nature des capillaires sanguins dans les capillaires sécréteurs de Ferrein. Après deux
heures d'application d'un agent perturbateur à la région lom-
baire : horripilations, frissons avec claquement des dents, froid général, envie d'uriner. Ce n'est plus du sang qui s'écoule, c'est de l'urine.
La vie de la malade dépendait évidemment du rétablissement de la
fonction des reins.

un seul poumon ; il vit avec des fractions lobulées,
pulmonaires, comme la phthisie tuberculeuse et
plusieurs autres maladies qui hépatisent ou atrophient
ces organes nous en offrent chaque jour des exemples.
Le reptile vit longtemps privé de l'air atmosphérique,
en raison de sa respiration incomplète qui n'oxygène
qu'une fraction de la masse totale du sang. Le poisson, au contraire, périt rapidement après l'ablation
de ses branchies, parce que toute la masse du sang
a besoin d'être soumise à l'oxydation. La longévité
des végétaux tient uniquement à la faculté qu'ils ont
de n'employer qu'à certaines époques le foyer vital.
De là, ce principe général, que la quantité de vie
d'un être organisé sera toujours en raison inverse de
sa quantité de respiration.

L'organe d'hématose est le véritable pivot de l'organisme : sans respiration, point de vie. L'illustre
Spallanzani a prouvé par l'expérience directe dans
ses *Opus. de phys.* que, non-seulement les vertébrés
périssaient rapidement sous le récipient de la machine
pneumatique, mais encore que les animalcules infusoires avaient besoin d'une certaine quantité d'air
pour vivre, perpétuer leur espèce par génération, et
même dès le principe de leur formation embryonnaire. Les vers intestinaux, renfermés au sein de nos
organes ou dans des cavités remplies de gaz délétères,
ne se passent point de respiration comme les uns le
pensent ; ne respirent pas par juxtà-position de surfaces ainsi que d'autres le prétendent, sans quoi ils
seraient promptement asphyxiés : ils sucent les li-
quides oxygénés dans le corps des êtres vivants, et
ces êtres parasites meurent en même temps que l'ani-

mal qui les contient, par faute d'oxydation de leur fluide nourricier. Aucun animal n'existe donc sans respirer.

Les végétaux sont soumis à cette loi générale de la vie. Ils puisent dans les milieux ambiants les éléments chimiques que les animaux exhalent. L'acte respiratoire, en général, se fait donc en sens inverse, quant à l'élaboration de l'air, entre le végétal et l'animal. L'agent vivificateur du sang et de la sève se balance dans ce passage alternatif, de sorte que l'équilibre de la nature organisée, vivante, se trouve maintenu dans des limites assurées par cette décomposition et recomposition perpétuelles de l'air atmosphérique.

L'air met en rapport le règne de la nature vivante ou la vie, avec le globe ou le règne de la nature morte, inorganique. Tout se tient, tout s'enchaîne ainsi dans le monde, et la double réaction des agents physiques sur la vie, et réciproquement de la vie sur les agents physiques, est une étude des plus importantes pour le physiologiste et pour le médecin. Voilà où se passe la véritable lutte entre la vie et les modificateurs qui tendent naturellement à changer ou détruire cette même vie. Tant que les forces vitales dominent les lois physiques, la vie se soutient; elle s'anéantit dans le sens contraire. La vie est donc la lutte momentanée et supérieure des forces vitales contre les agents physiques. Cette définition sera mieux appréciée lorsque je publierai un Mémoire sur l'existence des forces vitales; forces signalées par Glisson, localisées infructueusement par Haller, et trop souvent oubliées de nos jours.

Renfermés dans le cercle étroit de l'organisation humaine et des vertébrés, les philosophes et les physiologistes ont presque tous localisé le point central de la vie, le *centre de la vie individuelle, le nœud vital,* dans une fraction de l'axe cérébro-spinal. Descartes imagine que l'ame siége dans la glande pinéale, et dirige les mouvements au moyen des pédoncules qu'il considère comme les rênes de l'ame. Or, s'il en est ainsi, tout mammifère pourvu de glande pinéale doit posséder une ame; fait important qui détruit sa théorie sur le *pur automatisme* des animaux. Le siége du principe vital ne saurait exister en ce point encéphalique, sans quoi, les oiseaux, les reptiles à l'exception de la tortue, les poissons et les invertébrés qui manquent de glande pinéale, manqueraient tous d'un foyer central de la vie. Hérophyle se plaît également à loger l'ame au centre du cerveau. Erasistrate place le principe vital dans les méninges. Willis s'efforce de prouver que le *sensorium commune* αἰσθητήριον se trouve au commencement de la moelle allongée. C'est là, en effet, que l'on s'accorde, non pas à localiser l'ame, cause première qui échappe, mais à placer le nœud vital, le centre de la vie individuelle vers l'origine des nerfs pneumo-gastriques. Dans ce point circonscrit du système nerveux cérébro-spinal, la physiologie expérimentale n'a fait que localiser le *nœud vital* de la *vie de relation.*

Le cœur est le *nœud vital de la vie végétative;* l'importance de l'organe central circulatoire est certainement égale à l'action centrale de l'origine des nerfs pneumo-gastriques. Ces deux centres partiels pour chacune des deux vies ne se trouvent que dans les

vertébrés; ils ne sont ni l'un ni l'autre le véritable
foyer vital qui existe dans tous les êtres organisés.
Moyse attribua, un des premiers, le principal rôle organique au fluide nourricier, il dit : « *Sanguinem
universæ carnis non comedetis, quia anima carnis in
sanguine est.* LEVITIC., c. 17. » Dans un autre endroit
il dit des animaux : *sanguis eorum pro anima est.* Les
Stoïciens ont logé l'ame dans le cœur. Hippocrate
varie sur le siége du point central le plus important
dans l'économie, tantôt il indique le ventricule
gauche du cœur, tantôt il dit de l'estomac : « *Maris
habens facultatem qui omnibus dat et ab omnibus accipit.* »
Le fameux archée de Van-Helmont avait son siége
dans l'orifice cardiaque de l'estomac. Burdach a con-
sidéré le sang comme le centre où tout aboutit et
d'où tout émane. Enfin, la difficulté de saisir ce point
central est si grande pour Aristote et Galien, que
l'un trouve l'ame ou le centre vital partout dans le
corps, et que l'autre suppose une ame spéciale à
chaque partie du corps.

Un premier trait caractéristique du *foyer vital*,
pivot central de la vie individuelle, est d'être placé
sur les limites des deux vies, de n'appartenir ni à
l'une ni à l'autre d'une manière exclusive, de pouvoir s'ajouter à l'une d'elles dans certains cas pour
en prolonger la durée. Nulle part, dans l'organisation,
les connexions nerveuses et vasculaires ne sont plus
importantes pour la vie qu'à l'appareil respiratoire.
Placé sur les confins des deux vies, l'organe d'hématose reçoit des nerfs de la vie de relation, et des nerfs
du grand sympathique appartenant à la vie végétative. C'est au moyen de ces jetées nerveuses que les

deux vies commandent à l'appareil de la respiration, leur centre principal de réunion.

Le *foyer vital*, par sa présence constante et nécessaire chez tout être organisé, est une seconde marque indélébile à laquelle on doit le reconnaître. Or, il est démontré qu'il n'y a aucune organisation qui puisse vivre sans respirer.

La variété de position des organes d'hématose nous indique que ces organes n'obéissent régulièrement à aucune loi des deux vies. Bichat ne considérant que les animaux pulmonés, rangeait l'appareil respiratoire parmi les organes de la vie végétative. Buisson a objecté avec finesse que si les poumons doivent occuper cette place dans l'économie animale, ces organes, étant paires et symétriques, renversent la théorie de l'illustre physiologiste sur la symétrie des organes de la vie de relation, et le défaut de symétrie pour les organes de la vie végétative. C'est le propre du foyer vital, d'être tantôt interne, tantôt externe dans l'organisation, et de se présenter tour-à-tour double et paire, simple et unique. Les poumons sont doubles et paires dans les mammifères et les oiseaux; les batraciens respirent au moyen de branchies externes dans le jeune âge, et par des poumons internes dans l'âge adulte. Les axolots, les protées, les sirènes, possèdent tout à la fois, des poumons et des branchies. Le têtard de la grenouille présente aussi cette particularité de structure. Certains reptiles n'ont qu'un seul organe d'hématose. Cet organe est successivement interne et externe dans le jeu branchial des poissons. Une foule d'espèces parmi les invertébrés ont leurs branchies flottantes

à la surface de la peau, sous forme de stries, de
houppes, de panaches : irrégularité de position de
l'organe d'hématose, qui n'avait pas été appréciée à sa
juste valeur physiologique.

Ces considérations anatomiques concourent avec
la physiologie expérimentale à découvrir le centre
de la vie individuelle ou le véritable foyer vital.

La *destruction* du *foyer vital* cause rapidement la
mort.

Expér. XVIII. — Enlevez en totalité les poumons
d'un mammifère, d'un oiseau, et la mort sera in-
stantanée.

Expér. XIX. — Arrachez l'appareil branchial, et
le poisson ne tarde pas à mourir. Le reptile vit quelque temps après l'enlèvement de son organe d'hématose pour des raisons de physiologie que j'ai fait
connaître.

Expér. XX.—Sans détruire l'appareil respiratoire,
modifiez les éléments chimiques du milieu ambiant,
et l'asphyxie déterminera une mort prompte.

On ne peut donc modifier, détruire le foyer vital,
sans modifier ou détruire la vie. Les animaux meurent avec la même rapidité, lorsque l'on enlève seulement l'organe d'hématose, ou cet organe avec tous
les autres viscères. Preuve nouvelle du rôle nécessaire et actuel de la respiration sur la vie.

La mort sera également rapide si l'on détruit la
connexion organique qui lie le *foyer vital* à la *vie de
relation*.

Expér. XXI. — J'ai enlevé sur des chiens, des
chats, et sur un grand nombre de reptiles, la totalité de l'axe nerveux cérébro-spinal. La paralysie des

organes de la vie de relation s'étendant aux organes pulmonaires, la mort eût été rapide, mais par la respiration artificielle, il devint curieux d'observer le jeu combiné de la vie végétative et du foyer vital.

EXPÉ.R XXII. — Coupez les nerfs pneumo-gastriques. Privé de l'influence nerveuse excitatrice, le sang veineux traverse les poumons, et va partout dans les organes porter l'asphyxie et la mort.

Certains vertébrés ont la faculté de vivre sans encéphale, d'autres, sans moelle épinière. Une mort prompte résulte toujours de la destruction des pneumo-gastriques; c'est pourquoi dans les décapitations, il faut avoir soin de s'éloigner du trou occipital pour éviter la section de ces nerfs lorsqu'on veut prolonger la vie.

EXPER. XXIII. — La moelle étant coupée au-dessus ou au-dessous de l'insertion des nerfs respiratoires, plusieurs salamandres ont survécu quelque temps. Ayant mis a découvert les organes internes, j'ai vu le cœur battre, le sang circuler, et les poumons en exercice naturel.

Ces expériences sur le système nerveux établissent l'influence directe et puissante d'un point central de l'axe nerveux cérébro-spinal sur le foyer vital. A ce point nerveux central on a placé le nœud vital de tout le corps, le pivot unique et principal de toute l'organisation. Si la vie individuelle en dépendait réellement, ce nœud vital devrait toujours conserver la même suprématie, la même puissance. Or, durant la vie intra-utérine les poumons sont inactifs, l'axe cérébro-spinal n'a aucune action sur la conjonction utéro-placentaire; où siége dans le principe, le foyer vital. Et, il y a plus, les invertébrés, dépourvus de système nerveux cérébro-spinal, n'auraient pas de nœud vital. Les végétaux en seraient également privés. La physiologie expérimentale n'a évidemment jusqu'ici rencontré que le *centre* ou le *pivot de la vie de relation* et non pas le *foyer vital*.

A l'époque de la formation primitive des embryons, la vie végétative domine l'économie entière et le foyer vital. A la naissance, la vie de relation place l'organisme et le foyer vital sous sa dépendance. Double phénomène de réaction très-curieux de l'une et de l'autre vie sur le centre organique qui les unit.

L'expérience directe montre encore que la mort est rapide si l'on détruit la connexion entre le *foyer vital* et la *vie végétative*.

Expér. XXIV. — Que l'on coupe sur un mammifère les vaisseaux sanguins qui unissent le cœur et les poumons, l'hémorrhagie sera promptement mortelle.

Expér. XXV. — J'ai fait seulement la ligature des gros troncs pulmonaires, et la mort des mammifères a été rapide.

Expér. XXVI. — La ligature et la section de la conjonction vasculaire entre le cœur et les poumons ont déterminé la mort subite de plusieurs oiseaux.

Expér. XXVII. — Ayant placé la ligature sur le trajet de l'artère pulmonaire de plusieurs poissons, ils sont morts promptement.

Ne voyez-vous pas que la mort soit par hémorrhagie, soit par simple interruption du cours sanguin au moyen de la ligature, équivaut, par sa rapidité et sa violence dans la vie végétative, à la mort par la destruction du nœud vital de la vie de relation? N'est-il pas évident aussi que l'organe respiratoire, est le centre de conjonction où s'enchaînent et se confondent ces deux puissantes influences ?

La mort après la destruction du lien qui unit le foyer vital à la vie végétative est très-lente chez les reptiles dont le sang hématosé suffit longtemps à entretenir la vie générale.

Expér. XXVIII. — J'ai tantôt coupé, tantôt lié les vaisseaux qui unissent le cœur aux poumons de la grenouille, de la salamandre, et j'ai vu ces animaux courir, sauter, se cacher et vivre très-longtemps après cette opération.

En résumé, le point central de l'organisation ou le foyer vital a son siége dans l'appareil d'hématose. Ce point central s'unit à la vie de relation par le système nerveux, et se joint à la vie végétative à l'aide du fluide nourricier. Au foyer vital se rencontre la triple combinaison du sang, de l'air, du fluide nerveux. Ici, le monde inorganique communique avec le monde organisé. Ici, les moindres variations dans les trois éléments combinés entraînent rapidement la mort. Chaque jour, sous une influence instinctive et secrète, aujourd'hui par l'expérience directe, nous considérons comme synonymes les mots *vivre* et *respirer* (1).

_____

(1) Dans ces recherches, j'ai opéré sur les vertébrés qui sont tous pourvus de circulation sanguine, et en plaçant dans le sang et au cœur, le centre de la vie organique, je savais bien que je prenais la partie pour le tout, car le centre de cette vie est dans le fluide nourricier pour lequel sont formés les organes internes, quelque nombreux, quelque compliqués qu'ils se présentent.

Mais le sang n'étant que le fluide nutritif perfectionné, et le cœur

La respiration est tantôt *circonscrite* en un point de l'organisme ; tantôt elle est *disséminée*. Les limites de la vie s'étendent ou se circonscrivent de même que la fonction respiratoire. C'est pourquoi, les vertébrés, et, en général, tous les êtres pourvus d'un organe limité d'hématose ne sont pas multiplicables et périssent promptement aussitôt l'arrachement de l'organe de sanguification. Lorsque la respiration est poreuse, moléculaire, disséminée, la vie est multiplicable de sorte que l'animal étant divisé en plusieurs fragments, chaque fragment pourvu d'une respiration constitue un être nouveau et complet. Les helminthes étant coupés en morceaux, meurent ; donc ils n'ont pas une respiration disséminée à la manière d'autres radiaires tels que les polypes.

La vie n'est pas multiplicable en plusieurs autres vies, quand le fluide nourricier circule pour aller se reconstituer à l'organe d'hématose, ou bien, encore, lorsque l'air circule pour aller vivifier le fluide nourricier. Il importe pour la production de ce phénomène, que l'air frappe la sève animale en tous points de l'organisation, à moins que, semblable au végétal, le fragment organisé, coupé et séparé, puisse créer de toutes pièces un foyer vital.

L'influence nécessaire et réciproque de l'air et du sang a conduit à formuler ces belles lois : toute circulation sanguine exige un organe circonscrit d'hématose, et réciproquement, tout organe respiratoire localisé exige un mouvement circulatoire du

étant son principal réservoir en connexion avec le foyer vital, il m'était bien permis de saisir dans l'expérience ce point de conjonction et de généraliser les résultats.

sang. Ajoutons que l'action nerveuse qui préside à cette combinaison de l'élément aérien et du fluide nourricier, est nulle dans les derniers radiaires. Nouvelle preuve de l'insuffisance de l'action nerveuse dans l'entretien de la vie en général, et preuve certaine que le *nœud vital* ne saurait être justement placé dans un système qui manque chez un grand nombre d'êtres vivants.

La mécanique animale est encore soumise à l'influence de la respiration. G. Cuvier a prouvé que la quantité de mouvement des animaux est en raison directe avec leur quantité de respiration.

Le degré de chaleur animale est aussi en raison directe de la quantité de respiration. Si la ligature d'un nerf est suivie d'un sentiment de froid dans les parties où les filets se distribuent, ce qui démontre que les nerfs ne sont pas étrangers à la production de la chaleur : il n'est pas moins certain, que de la rapidité ou du ralentissement de l'acte respiratoire se produisent directement la force ou la faiblesse dans le degré de calorique qui pénètre les organismes.

L'élévation de température du corps des animaux ne provient pas de l'activité plus grande du mouvement circulatoire du sang, elle repose sur la quantité d'oxygène combinée au fluide nourricier.

Expér. XXIX. — J'ai placé successivement un thermomètre dans la bouche d'un fœtus et au milieu de l'utérus de sa mère, et jamais le degré de chaleur ne fut plus élevé pour l'un que pour l'autre, quoique j'aie plusieurs fois répété cette expérience. Cependant le cœur des embryons a presque le double des battements du cœur des adultes.

Si, en même temps que la chaleur, la vie commence et s'entretient avec l'exercice du foyer vital, c'est aussi au foyer vital qu'elle se termine. Dans la mort naturelle toujours suivie des phénomènes de l'agonie, le cours du sang s'arrête aux organes pulmonaires et branchiaux. Le système circulatoire à sang noir ou veineux afférent est distendu outre mesure, tandis que le système circulatoire a sang rouge ou artériel déférent est complètement exsangue.

L'arrêt définitif du fluide nutricier au foyer vital, *première mort partielle*, termine les fonctions de la vie végétative. L'absence d'excitation nerveuse, *seconde mort partielle*, enraye le jeu du foyer vital et termine la vie de relation. La cause première qui détruit l'action combinée des fluides nerveux, nourricier et aérien, cause de la *mort générale*, restera toujours dans les secrets de la Divinité.

ORIGINE

DE LA

VIE INDIVIDUELLE

———

Dans l'économie animale , les mêmes limites sont
occupées par le foyer vital et l'appareil de la génération, parce que si l'un réunit et enchaîne les deux
vies, l'autre leur donne naissance. Cette double position physiologique n'a pas été comprise par Bichat,
qui d'une part, range les organes d'hématose dans la
vie végétative en passant sous silence la symétrie pulmonaire en opposition avec ses idées théoriques, et qui,
d'autre part, au moyen d'un artifice ingénieux, pre-
nant la *partie formée* pour *l'organe formateur*, élève la
fonction de la génération à la nouvelle condition de *la
vie de l'espèce*.

Si les organes génitaux sont totalement étrangers
à l'entretien de la vie générale puisqu'ils n'entrent
en exercice qu'à la puberté et qu'ils cessent leurs
fonctions bien avant la mort , ils vivent cependant,
avant et après ces époques préfixes, et leur vie ne
diffère en rien de la vie des autres appareils organi-

ques. Or, c'est en tant que constituant une *fonction de l'économie* qu'il faut trouver le rang des organes de la reproduction, parce qu'il n'y a pas de vie de l'espèce isolée dans l'organisme.

Les organes génitaux sont destinés à perpétuer l'espèce et à former par l'acte de la fécondation, la série continue, la filiation des êtres organisés. Le nouvel être à peine formé possède la dualité vitale en rapport avec les deux plans généraux de son organisation. Il contient sur les limites des deux vies une dualité reproductive dans l'appareil de la génération.

Cet appareil organique est mâle ou femelle.

Il se compose d'organes entièrement soumis à l'empire de la volonté, nommés en anatomie, *organes génitaux externes, organes d'accouplement, organes copulateurs,* et qui ont pour objet unique le rapprochement des parties sexuelles pendant l'acte de la copulation.

Je nomme l'acte de l'union sexuelle, *fonction générale de la vie de relation* parce que l'accouplement est soumis aux mêmes lois qui régissent les autres organes de la vie animale.

J'appellerai *fonction génitale de la vie végétative,* le jeu des *organes génitaux internes,* des *organes de formation du germe,* parce que cette fonction est tombée dans le domaine des actions involontaires, de même que les autres fonctions de la vie végétative.

Parmi les organes qui concourent à la fonction génitale de la vie organique, l'*utérus,* réceptacle du germe fécondé, présente des signes très-évidents de *vitalité isolée.*

EXPÉR. XXX. — Ayant enlevé la matrice de plu-

sieurs femelles prêtes à mettre bas, j'ai vu, sous la
seule influence des contractions utérines, les pla-
centas se décoller et les œufs s'engager et même sor-
tir par la filière des voies naturelles. On obtient une
parturition plus rapide en pratiquant sur la paroi
utérine une incision vis-à-vis chaque fœtus.

L'œuf des ovipares vit complètement *isolé* de l'animal qui le produit. L'air est indispensable au développement du germe contenu dans l'œuf. Placez une
couche de vernis épaisse sur la coquille, mettez l'œuf
sous le récipient de la machine pneumatique, et la
privation de l'air rendra l'incubation stérile : double
expérience sur l'œuf isolé qui démontre encore l'influence du foyer vital sur la vie embryonnaire.

Le *sperme*, liqueur fécondante des œufs, offre également des signes de *vitalité isolée*. A l'aide du fluide
spermatique obtenu chez différentes espèces, nous
déterminons chaque jour dans nos laboratoires des
fécondations artificielles. Le sperme lancé à distance
par les reptiles et les poissons privés d'accouplement
est une preuve naturelle de la vie isolée de cette liqueur destinée à féconder les œufs déposés par les
femelles. Il intéresse de savoir que le fluide séminal
doit sa vitalité propre à la présence des animalcules
spermatiques; car, les espèces hybrides privées de
ces êtres microscopiques sont stériles.

Les fluides organiques sécrétés en ovologie ont évidemment une vie isolée plus forte, plus durable que
la vie isolée des organes sécréteurs : ce n'est pas une
raison pour substituer l'une à l'autre ainsi que Bichat
l'a fait avec beaucoup d'habileté.

Quoi qu'il en soit, les organes de la fonction géni-

tale de la vie de relation ne présentent que fort peu de
signes d'une vitalité isolée, parce que ces organes ne
sont que des accessoires dans la fécondation et qu'ils
manquent dans un grand nombre d'espèces.

Ajoutons à la fin de ce Mémoire que le caractère
indélébile auquel on reconnaîtra l'importance d'un
organe ou d'un fluide dans l'économie animale, sera
le degré d'intensité dans la vie isolée de cet organe,
de ce fluide.

FIN.

www.ingramcontent.com/pod-product-compliance
Lightning Source LLC
Chambersburg PA
CBHW050537210326
41520CB00012B/2613